Martin Eder

Die Klimageschichte und zukünftige Perspektiven des Alpenraums

Bibliografische Information der Deutschen Nationalbibliothek:

Die Deutsche Bibliothek verzeichnet diese Publikation in der Deutschen National-
bibliografie; detaillierte bibliografische Daten sind im Internet über http://dnb.d-
nb.de/ abrufbar.

Impressum:

Copyright © 2010 GRIN Verlag GmbH
Druck und Bindung: Books on Demand GmbH, Norderstedt Germany
ISBN: 978-3-656-83800-5

Dieses Buch bei GRIN:

http://www.grin.com/de/e-book/281356/die-klimageschichte-und-zukuenftige-
perspektiven-des-alpenraums

Universität Passau

Lehrstuhl Physische Geographie

Hauptseminar: Aktuelle Umweltprobleme (global)

Sommersemester 2010

Die Klimageschichte des Alpenraumes und zukünftige Perspektiven

Martin Eder

LA Gym   –   6. Semester

Inhaltsverzeichnis

1. Die Klimageschichte des Alpenraumes

1.1 Definition des Klimabegriffs und Abgrenzung der Alpen

Die nachfolgende Arbeit soll einen Überblick über die Geschichte des Klimas in den Alpen und des Alpenraumes liefern. Dabei sollen auch zukünftige Perspektiven und Szenarien bzw. deren Folgen für den behandelten Raum angedacht werden.

Um das Thema eingehend zu erforschen sind Definitionen bzw. Abgrenzungen grundlegender Begriffe notwendig. Die Alpen bilden das größte Gebirge Europas und erstrecken sich in einem etwa 1.200 Kilometer langen und bis 250 Kilometer breiten Bogen vom Ligurischen Meer im Westen bis zum Pannonischen Becken im Osten, wodurch eine Fläche von etwa 220.000 km² bedeckt wird. Siehe dazu Abbildung 1. Die Bezeichnung „Alpen" stammt aus dem Keltischen (keltisch „alb" = hoch bzw. „alpa" = Gebirge), was immer noch in einigen alemannischen Dialekten verwendet wird. [1]

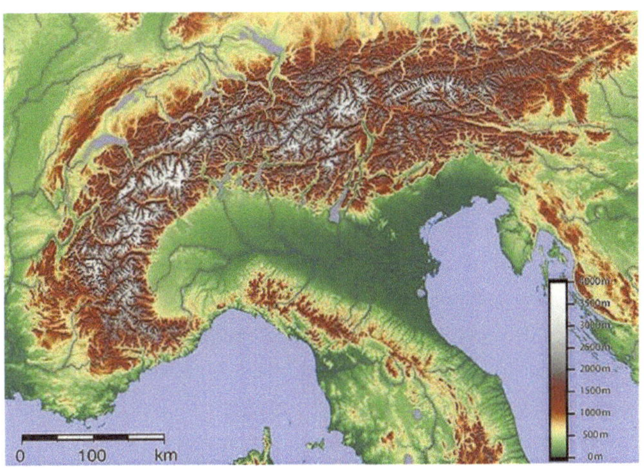

Abbildung 1: Erstreckung der Alpen
http://www.gebirge.mykilcher.ch/welt/alpen_relief.jpg ; (30.03.10)

Der Ausdruck „Klima" leitet sich aus dem Griechischen ab (griechisch: κλίνείν = neigen), wobei das Wort „klinein" ursprünglich die durch zwei Breitengrade begrenzte Zone beschrieb, welche mit der Neigung der Erdachse gegenüber der Sonne in Verbindung gebracht wurde.

---

[1] SAMMER (1995): http://www.aeiou.at/aeiou.encyclop.a/a317663.htm ; (25.03.10)

Im Laufe der Zeit entwickelte sich diese Bezeichnung dann zum Synonym für die in dieser Zone vorherrschenden Wärme- und Wetterverhältnisse.[2] Laut HANN versteht man unter dem Ausdruck Klima „[...] die Gesamtheit der meteorologischen Erscheinungen, welche den mittleren Zustand der Atmosphäre an irgend einer Stelle der Erdoberfläche charakterisieren. Was wir Witterung nennen, ist nur eine Phase, ein einzelner Act aus der Aufeinanderfolge der Erscheinungen, deren voller, Jahr für Jahr mehr oder weniger gleichartiger Ablauf das Klima eines Ortes bildet. Das Klima ist die Gesamtheit der Witterungen eines längeren oder kürzeren Zeitraumes, wie sie durchschnittlich zu dieser Zeit des Jahres einzutreten pflegen.[3]

1.2 Einordnung in das Erdzeitalter – Das Quartär

Um die komplette Entwicklung des Klimas im Alpenraum zu dokumentieren ist ein weitaus größerer Rahmen notwendig, als ihn diese Arbeit bietet. Deshalb wird der Beginn der nachfolgend behandelten Klimageschichte der Alpen auf das Quartär datiert. Die übergeordnete Ära der Erdgeschichte ist das Känozoikum, welches in die Perioden Paläogen, Tertiär, Neogen und Quartär gegliedert werden kann. Letztere Periode beinhaltet die Epochen Pliozän, Pleistozän sowie Holozän in chronologischer Reihenfolge.[4]

Das Quartär begann vor ca. 2,6 Mio. Jahren und war geprägt durch einen Wechsel von Kalt- und Warmzeiten, wodurch die Alpen wiederholt bis in ihr Vorland vergletschert waren. Die Temperaturen lagen dabei in den Kaltzeiten um 4 bis 6° C tiefer als heute, während der Temperaturdurchschnitt in den Warmzeiten damals ca. 2 bis 3°C höher lag, verglichen mit der heutigen Warmzeit.[5] Durch marine Bohrungen und darauffolgende Untersuchungen an stabilen Isotopen wurde herausgefunden, dass es im Pleistozän eine Folge von 20 bis 25 Warmzeit-Kaltzeit-Zyklen gab. Bei diesen Bohrungen wird das Verhältnis von schweren $\delta^{18}O$- zu leichten $\delta^{16}O$-Isotopen gemessen, da diese Verteilung Aufschluss über die damalig vorherrschenden Temperaturen gibt. Der sog. globale Eisvolumeneffekt bewirkt dabei, dass das Meerwasser in Eiszeiten isotopisch jeweils schwerer wird, was daran liegt, dass in den Eisschilden bevorzugt die leichten $\delta^{16}O$-Isotopen gespeichert werden und somit im verbleibenden Wasser ein höherer Anteil an $\delta^{18}O$-Isotopen resultiert.[6]

---

2 STRÖMMER (2003, S.11)
3 HANN, VON (1883, S.1)
4 STRAHLER & STRAHLER (2005, S. 213)
5 LAUER ; BENDIX (2006, S. 283)
6 Vgl. WEINELT (2008): http://www.b-f-k.de/webpub01/cnt/weinelt.htm (30.03.10)

Durch diese Bohrungen, entweder im Meeresboden oder dem ewigen Eis, kann das Klima relativ genau ermittelt und rekonstruiert werden. Seit diesem Wechsel von einer Kaltzeit, der vor ca. 12.000 Jahren endete, herrscht eine Warmzeit, die Holozän und in den Alpen auch Postglazial genannt wird. Durch eine Pollenanalyse, anhand einer vegetationsgeschichtlichen Untersuchung niederländischen Materials, wird die Grenze zwischen Tertiär und Quartär auf ca. 2,4 Mio. Jahren vor heute gesetzt. Dabei kam heraus, dass im jüngsten Pliozän (auch Reuver genannt) in den Niederlanden noch hohe Anteile von Florenelementen vorhanden waren, wohingegen diese Anteile im ältesten Pleistozän (auch Prätegelen) deutlich zurückgegangen sind.

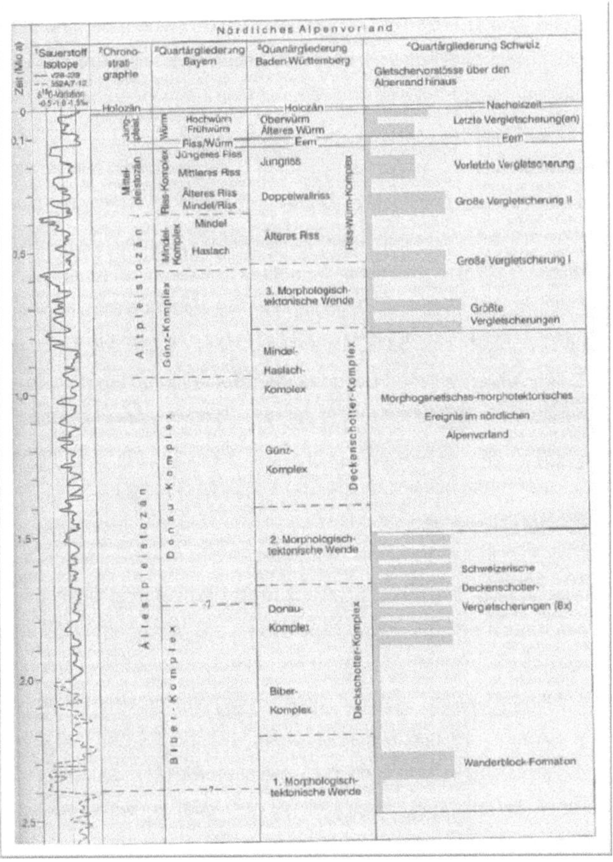

Abbildung 2: Alpine Eiszeitchronologie im nördlichen Alpenvorland und Chronostratigraphie des Quartärs mit mariner δ^{18}O-Kurve ; VEIT (2002, S. 239)

Daraus ergibt sich die Annahme, dass das Prätegelen die erste Kaltzeit in Europa gewesen sein muss, wobei dafür aber keine Vergletscherung nachgewiesen werden konnte. Dieser Verdacht bestätigt sich in der eher geringen Amplitude der marinen Sauerstoffisotopenkurve, welche das globale Eivolumen wiedergibt und in Abbildung 2 zu sehen ist.[7]

1.3 Die Eiszeiten des Alt-, Mittel- und Jungpleistozäns

Auf dieser Darstellung der alpinen Eiszeitchronologie lassen sich anhand der Menge der Sauerstoffisotope vor ca. 1 Mio. Jahren auch erste sicher nachzuweisende Vergletscherungen erkennen, welche als Günz-Eiszeit deklariert werden. Warum erst ab diesem Zeitpunkt die Vergletscherung einsetzte ist nicht genau bekannt. Es besteht die Theorie, dass erst ab dieser Zeit die klimatischen Bedingungen dafür geeignet waren. Seit diesem Beginn der Günz-Eiszeit wechseln sich Kaltzeiten mit Warmzeiten mehr oder weniger regelmäßig ab, was in etwa einen Zeitraum von 100.000 Jahren in Anspruch nimmt. Ebenfalls anhand Abbildung 2 zu erkennen ist die Dominanz der zeitlichen Dauer durch die Kaltzeiten. Während die Warmzeiten mit 10.000 bis 20.000 Jahren Dauer nur jeweils kurze Phasen bildeten, überwogen die Kaltzeiten mit der einhergehenden Vergletscherung. Dass der Wechsel zwischen Warm- und Kaltzeiten teilweise sehr schnell stattfand beweisen erneut arktische Bohrungen. Anhand eines Eiskerns aus Grönland ermittelte man mit Hilfe des Sauerstoffisotopenverhältnisses, dass sich sowohl vor ca. 75.000 als auch vor etwa 10.000 Jahren der Klimaumbruch in weniger als 1.000 Jahren vollzog.[8] Bei genauerer Betrachtung der Zusammensetzung des Sauerstoffs im Verlauf der Jahrmillionen fällt auf, dass die Schwankung der Isotope auf zahlreiche Kaltzeiten hinweisen, welche aber nicht durch Vergletscherung nachweisbar sind. Ein Grund dafür ist sicherlich die unvollständige Erhaltung von Spuren letzterer an den Moränen, an denen sie nachzuweisen wären.

Die Eiszeiten, welche nicht nur durch Schwankungen des Sauerstoffisotopenverhältnisses, sondern auch durch noch heute sichtbare Spuren wie z.B. Moränen nachweisbar sind, sind die nach Flüssen des bayerischen-schwäbischen Alpenvorlandes benannten Günz, Mindel, Riss und Würm. Alle 4 Eiszeiten sind Teil des Pleistozäns, jedoch teilweise unterschiedlich ausgeprägt. Der Zeitpunkt der maximalen Vergletscherung der Alpen war regional verschieden. So erfolgte die maximale Vereisung der westlichen Alpen in der Riss- oder Mindelkaltzeit während sich im Osten in der Günzeiszeit die Gletscher am weitesten ausbreiteten. Die Ausbreitung des Eises nach Süden hin änderte sich nur geringfügig und reichte nur knapp

---

[7] VEIT (2002, S. 238)

[8] DANSGAARD et al. (1972, S. 396 ff.)

über den Rand der Alpen ins Vorland hinaus, wie auf Abbildung 3 zu erkennen ist. Der Wechsel in die Kaltzeiten und die damit verbundene Klimaänderung hatte natürlich auch Auswirkungen auf die Flora Nord- und Mitteleuropas und insbesondere des Alpenraumes. Um das Überleben zu sichern verlagerten sich die verschiedenen Pflanzen gezwungenermaßen in Gebiete nach Süden und Südosten. So überdauerten sie geschützt vor dem kalten Klima am Alpensüdrand und im Mittelmeergebiet. Diese eiszeitlichen Refugien des Alpensüdrands erkennt man heute noch deutlich an der erhöhten Zahl der dort vorkommenden Endemiten.[9]

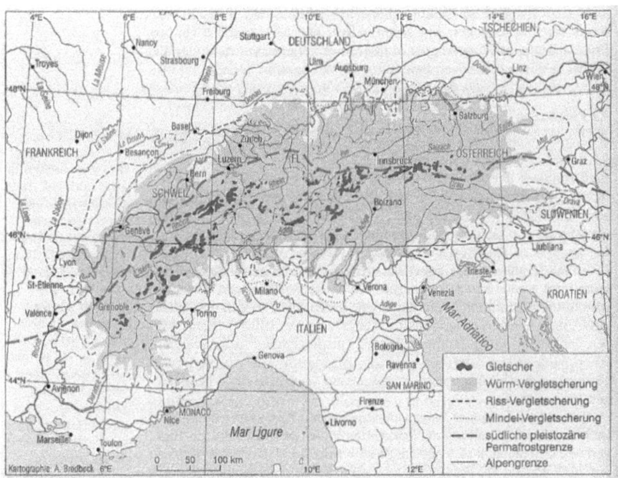

Abbildung 3: Heutige und eiszeitliche Eisbedeckung der Alpen sowie die Position der eiszeitlichen Permafrostgrenze ; VEIT (2002, S. 242)

Wie ebenfalls auf der Abbildung 3 zu sehen ist, erstreckte sich die Gletschereisfläche der Würmeiszeit über ca. 126.000 km², was mehr als das 42-fache der heutigen Gletscherfläche bedeutet. Die damaligen Gletscher-Gleichgewichtslininen lagen in etwa 1.500 m tiefer als heute, was zur Folge hatte, dass Eis über sogenannte Transfluenzpässe in schwächer vergletscherte Täler transportiert wurde und somit dort für eine wesentlich stärkere Vergletscherung sorgte, als dies normalerweise möglich gewesen wäre. In der Phase des Eisaufbaus waren die höchstwahrscheinlich temperierten Gletscher durch sehr hohe Eisfließgeschwindigkeiten geprägt, während im Hochglazial vorwiegend kalt-arides Klima herrschte und für

---

[9] VEIT (2002, S. 241 f.)

nur wenig Bewegung der Gletscher sowie geringe Beiträge durch Fließbewegungen sorgte.[10] Ebenfalls im Hochglazial waren die Gletscher mit aller Wahrscheinlichkeit aufgrund des Permafrostes an ihren Gletscherbetten festgefroren. Anders verhielt es sich am südlichen Rand der Alpen, wo, im Gegensatz zum Nordrand, warme Gletscher unter feuchteren Verhältnissen vorherrschten, was natürlich auch die Fließbeträge beeinflusste. Dies weist auf ein Fehlen von Permafrost hin, was auch in Abbildung 3 durch den angedeuteten Verlauf der Permafrostgrenze bestätigt wird. Der intensive Eisaufbau, der bis ins Alpenvorland reichte, erfolgte etwa 18.000 ^{14}C-Jahre vor heute, während bereits 14.000 ^{14}C-Jahre vor heute im Schweizer Mittelland die Flächen schon wieder eisfrei waren. Vor mehr als 13.200 ^{14}C-Jahren vor heute war der Eisabbau dann bereits vollzogen und die Wiederbewaldung im Gange. Dabei standen für den kompletten Eisaufbau und das anschließende Abschmelzen der Eismassen höchstens 10.000 Jahre zur Verfügung, was wiederrum den schnellen Wechsel zwischen Warm- und Kaltzeit verdeutlicht.[11] Somit war das Vorrücken der Gletscher während der letzten Eiszeit nur von kurzer Dauer was auch die Vegetation beeinflusste. In den beiden kurzzeitigen relativen Warmperioden (auch Interstadiale genannt) des Frühwürms, Brørup und Odderade, wuchsen im nördlichen Alpenvorland Kiefern- und Fichtenwälder, während ca. 8.000 bzw. 2.000 Jahre später in den Mittelwürm-Interstadialen Hengelo und Denekamp Föhren- und Birkenwälder die prägende Vegetation bildeten, wie in Abbildung 4 zu erkennen.

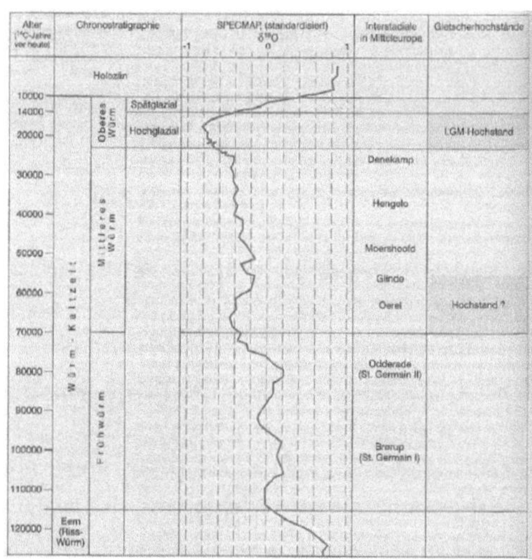

Abbildung 4: Die Gliederung der Würm-Eiszeit ; VEIT (2002, S. 246)

---

[10] SPECK (1995, S. 10 ff.)
[11] PATZELT (1975, S. 309 ff.)

Anhand der Gletscher und Vegetationsrekonstruktion lässt sich schließen, dass im Hochglazial der Würm-Kaltzeit das wohl extremste Klima der letzten Eiszeit geherrscht haben muss. Das Vorkommen von Permafrostboden ist ein eindeutiges Indiz dafür, dass die Jahresdurchschnittstemperatur unter -7°C lag, was eine Absenkung der Temperatur im nördlichen Alpenvorland um die 16°C im Vergleich zu heutigen Temperaturen bedeutete. Damit war der Temperaturabfall um einiges größer als im globalen Durchschnitt, wo er nur 5 bis 7°C betrug. Eine weitere Folge des rapiden Absinkens der Temperatur war die damit vorherrschende Trockenheit, verursacht durch die Gletscher-Gleichgewichtslinien, die der Temperaturdepression nur teilweise folgen konnten und somit zu einer Niederschlagsrate von nur etwa 20%, verglichen mit heute, führte.[12] Dieser Effekt geht möglicherweise auf den veränderten globalen Wasserhaushalt während Kaltzeiten zurück, als auch auf das Entstehen von Seeeis im Atlantik, wodurch eine geringere Evaporation verursacht wurde.

Das Ende der Würm-Eiszeit wird auch alpines Spätglazial genannt und beschreibt den Zeitraum zwischen dem Ende des Hochwürms und dem Anfang des Postglazials. Dabei kann das Spätglazial nicht eindeutig vom Hochglazial abgegrenzt werden, da schon kurz nach dem Hochstand der Gletscher diese schon wieder begannen abzuschmelzen. Etwa 14.500 ^{14}C-Jahre vor unserer Zeit zerfiel das alpine Eisstromnetz, was die Freilegung des südlichen als auch des nördlichen Alpenvorlandes zur Folge hatte. Nachgewiesen wurde auch die Tatsache, dass sich vor ca. 13.000 bis 12.400 ^{14}C-Jahren vor heute die Schmelzwässer der alpinen Vergletscherung in vielen nördlich bzw. südlich gelegenen Seen des Alpenraums sammelten, was auf ein sehr schnelles Abschmelzen der damaligen Gletscher hinweist. Ab etwa 14.500 ^{14}C-Jahren bis 13.300 ^{14}C-Jahren vor heute stellte sich der Lösseintrag beispielsweise in den Bodensee ein und es wandelte sich die Steppentundra der Tieflagen um in eine Strauchtundra. Der Anstieg der Schnee- und parallel der Waldgrenze auf die heutigen Maßstäbe erfolgte im Frühholozän vor in etwa 10.000 bis 9.000 ^{14}C-Jahren.[13] Während die unterschiedlichen Phasen der spätglazialen Vegetation sehr gut zu rekonstruieren und datieren sind, ist es bei den einzelnen Perioden der Gletschervorstößen sehr schwierig exakte Aussagen zu treffen. Deshalb werden Gletscherstände nur über entsprechende Depressionen der Gleichgewichtslininen sowie geomorphologische Anhaltspunkte rekonstruiert.

Das Paläoklima, insbesondere der spätglaziale Temperaturverlauf, wird unter anderem durch das Vorkommen von Sauerstoffisotopen in Seesedimenten angezeigt. Anhand Abbildung 5 lässt sich ein stark negativer $\delta^{18}O$ Gehalt in der Älteren Dryas feststellen, wodurch eine Abkühlung der Lufttemperatur um ca. 7° C im Vergleich zu heutigen Durchschnittstemperatu-

---

[12] HAEBERLI & SCHLÜCHTER (1987, S. 333 ff.)
[13] NIESSEN et al. (1992a, S. 71 ff.)

ren errechnet werden konnte. Der darauffolgende steile Anstieg der δ^{18} Sauerstoffisotope fällt zeitlich mit einer allgemeinen Erwärmung und der Bewaldung im sog. Bölling zusammen. Von Bölling bis Alleröd lassen sich sehr hohe δ^{18}O-Werte beobachten, aber immer unterbrochen mit kleineren Schwankungen. Eine klare Trennung beider durch den Gehalt der Sauerstoffisotope ist nicht möglich. Ein deutlicher Abfall dieser trat erst in der Jüngeren Dryas ein, worauf ein starker Temperaturanstieg zum Präboreal im Frühholozan erfolgte. Mittels Schätzungen anhand der egesenzeitlichen Absenkung der Schneegrenze von 180 – 230m ergibt sich eine Senkung der Sommerdurchschnittstemperatur von 1,5 bis 3°C. Jedoch muss man dabei beachten, dass die Untergrenze für Permafrostboden zu damaliger Zeit in etwa 600m tiefer lag als heute, wo die Grenze ca. bei 2500m liegt. Dieses Absenken der Permafrostgrenze deutet darauf hin, dass die Jahresdurchschnittstemperatur niedriger gelegen haben muss. Berechnungen ergaben einen Wert, der sich in etwa um 3 – 4°C unter heutigen Verhältnissen befindet.

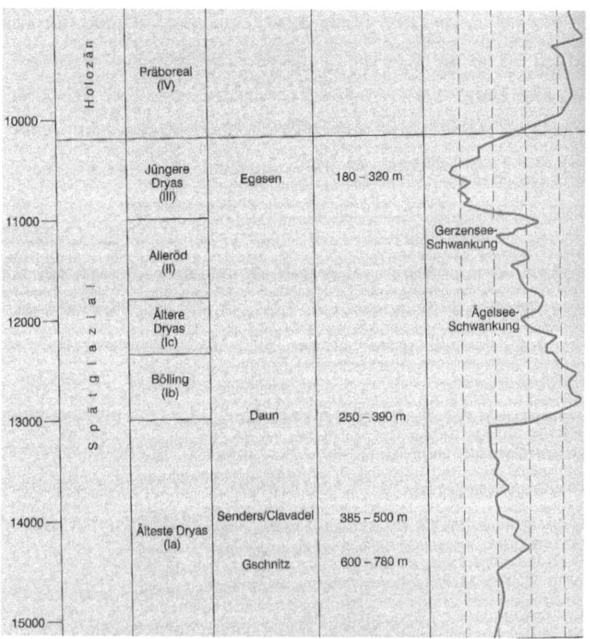

Abbildung 5: Das alpine Spätglazial
VEIT (2002, S. 250)

Diese Absenkung weist auf eine stärker ausgeprägte Saisonalität hin, was bedeutet, dass die Winter deutlich kälter als die Sommer waren. Diese Vermutung bestätigt sich in der Tatsache, dass die Kaltphase im Alpenvorland nur schwach ausgeprägt ist, nur anhand der Pollenanalyse betrachtet. In den Seen zeichnen sie sich durch die Schwankung der δ^{18}O-Isotopenkurve deutlich ab, was ebenfalls in Abbildung 5 ersichtlich wird. Laut LEMDAHL konnten anhand von Überresten der Insektenfauna die Temperaturen der Wintermonate rekonstruiert werden, welche, wie bereits erwähnt, deutlich stärkeren Schwankungen unterlegen waren. So ergaben Untersuchungen eine Durchschnittstemperatur der Winter, welche 10 – 12°C kälter waren als die heutigen. Dagegen fiel die Depression des wärmsten Monats mit 5 – 8°C wesentlich milder aus.[14] Das zu der Zeit ermittelte Verhalten von Gletschern und Blockgletschern könnte auch ein Indiz für eine gesteigerte Trockenheit sein, bei der sich die Gletscher trotz der vorherrschenden tiefen Temperaturen nicht erwartungsgemäß weit ausbreiten konnten. Die Waldgrenze reagierte dagegen mit einer Depression von 500 – 700m auf das Absinken der Durchschnittstemperaturen. Wie in Abbildung 5 zu erkennen, dürfte auch für die Bölling- als auch die Alleröd-Warmphase eine Verstärkung der Saisonalität gegolten haben, bei denen, anhand der δ^{18}O-Isotopenkurve, die Sommertemperaturen in etwa mit den heutigen vergleichbar waren, während die Winter deutlich kälter ausfielen.[15]

1.4 Klimarekonstruktion mittels Gletscher und Permafrost

Es gibt mehrere Möglichkeiten frühere Klimate zu erforschen. Da aber das Wachsen bzw. Abschmelzen von Gletschern sowohl durch die Temperatur, als auch durch den Niederschlag beeinflusst wird, eignen sie sich besonders zur Rekonstruktion vergangener Klimaverhältnisse. Blockgletscher werden hingegen vorwiegend durch die Jahresdurchschnittstemperatur gesteuert. Lässt sich aus beiden, Gletscher als auch Blockgletscher, ein Vergleich anstellen, ermöglicht dies eine noch genauere Differenzierung des Paläoklimas. Die unterste Grenze des Permafrostes bilden die Stauchmoränen und der sogenannte Blockgletscher, wie aus Abbildung 6 ersichtlich. Dabei kann aus den tiefsten Funden die Höhenlage ermittelt werden, auf der konstant das ganze Jahr über die Temperatur nicht über -1°C steigt. Die mittlere Jahrestemperatur kann nun auf Höhe der sog. Gleichgewichtslinie des Gletschers bestimmt werden, vergleicht man die gegebene Permafrostgrenze mit der Schneegrenze und ermittelt daraus die Differenz der beiden. Graphisch dargestellt wir dies in Abbildung 7. Der Temperaturgradient wird dabei stets als konstant angenommen. Der Abstand der Untergrenze des Permafrostes und der entsprechenden Höhe der Gleichgewichtslinie ist

---

[14] LEMDAHL (2000, S. 293 ff.)
[15] VEIT (2002, S. 253)

eine Funktion des Niederschlags. Daraus ergibt sich, dass bei feuchten Bedingungen die Gleichgewichtslinie des Gletschers sehr nahe bei der Permafrostgrenze liegt, bei trockenerem Klima die periglaziale Höhenstufe aber nach oben hin ansteigt. Von überaus großer Bedeutung ist dabei, dass diese Phänomene zeitgleich untersucht werden um brauchbare und aussagekräftige Ergebnisse zu erhalten. Das Problem der letztendlichen Datierung ist jedoch besonders bei Blockgletschern oft nicht leicht zu lösen. Lediglich wenn Blockgletscher aus den Moränen hervorgehen oder diese durchbrechen kann eine Zeitgleichheit gewährleistet werden. Die Abbildungen 6 und 7 dienen zur beschriebenen Veranschaulichung der Klimarekonstruktion mittels der Gletscher-Permafrost-Beziehung.[16]

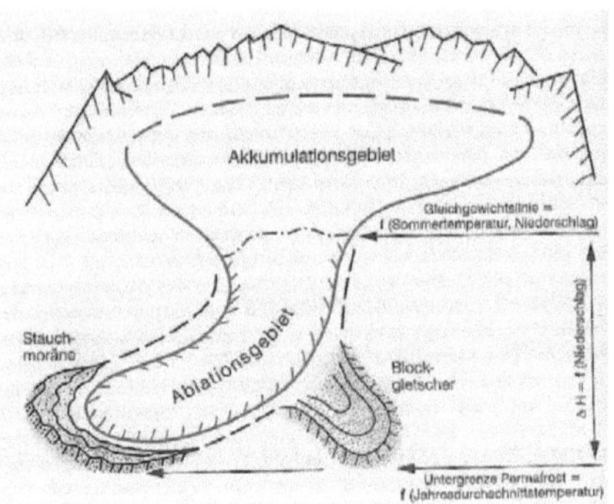

Abbildung 6: Klimarekonstruktion mit Hilfe der Gletscher-Permafrost-Beziehung ; VEIT (2002, S. 254)

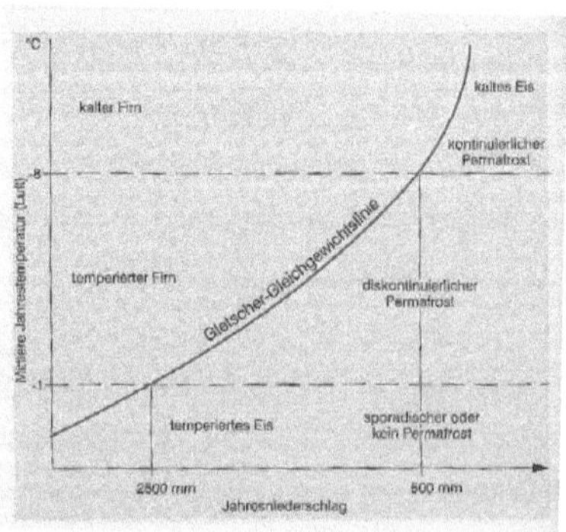

Abbildung 7: Kryosphärenmodell für die paläoklimatische Interpretation der Gletscher-Permafrost-Beziehung ; VEIT (2002, S. 254)

---

[16] VEIT (2002, S. 253 f.)

1.5. Das Holozän

Nachdem das Spätglazial, das Ende der letzten Eiszeit, vor ca. 10.000 ^{14}C-Jahren in die heutige Phase der Klimageschichte überging, erhöhten sich die Temperaturen einhergehend mit Wald- und Schneegrenze relativ zügig auf das jetzige Niveau. Während im alpinen Raum diese Phase der Klimageschichte oft auch als Postglazial bezeichnet wird, so ist allgemein vom Holozän die Rede, welches klimageschichtlich als eher ruhige Phase gilt. In den Alpen jedoch gab es immer wieder mehrfache Schwankungen des Klimas, was sich durch Gletscherschwankungen, Vegetationsveränderungen, Waldgrenzschwankungen, Solifluktions- und Bodenbildungsprozesse sowie Veränderungen in den Flüssen und Seen des Alpenraums widerspiegelte. Dies ist auch durch polare Bohrungen bestätigt worden und in den gewonnenen Eiskernen dokumentiert. Hinzu kommt, dass mit dem Holozän, genauer seit spätestens der Bronzezeit, auch der Mensch Einfluss auf das natürliche Ökosystem nimmt und sich etwaige natürlich bedingte Veränderungen des Klimas durch anthropogene Auswirkungen verstärken können.[17]

1.6 Gletscherschwankungen in Folge von Klimaänderungen

Untersuchungen an Moränen, dem Relief, sowie glazifluvialen Materialien, ergaben, dass Gletscher nicht nur seit den letzten Jahrzehnten verstärkt abschmelzen, sondern auch schon seit Beginn des Holozäns immer wieder bedeutenden Klimaänderungen unterworfen waren. Dabei lässt sich bei Forschungen an gegenwärtigen Gletschern eine gute Korrelation mit der Sommertemperatur feststellen. Fallen die Sommer kühl aus und sind dazu noch mit Schneefällen verbunden, ergibt sich daraus eine verstärkte Zunahme der Albedo, das Nährgebiet wächst. Folgende Regel gilt im Allgemeinen für zentralalpine Gebiete: Die Gleichgewichtslinine eines Gletschers wird um 100 m abgesenkt wenn entweder die Akkumulation im Winter um 400 kg/m² erhöht wird und/oder die Sommertemperatur zwischen 0,6 bis 0,8°C erhöht wird und/oder die sommerliche Strahlungsbilanz um 1,3 Mj/m²/d^1 reduziert wird.[18]

Die Berechnungen und Rekonstruktionen mit dieser Methode stoßen jedoch auch an ihre Grenzen. Es gelingt zwar relativ gut die Hochstandsphasen von Gletschern zu ermitteln, die kleineren Ausdehnungen bleiben dabei aber oft in Ausmaß und Zeitpunkt nur schätzbar. Bewiesen ist lediglich, dass die Gletscher im Laufe des Holozäns bereits deutlich weiter abgeschmolzen waren, als es heute der Fall ist und damit das Klima entsprechend milder war. Ein Beispiel dafür bildet der sogenannte Ötzi, ein vor rund 5.000 Jahren in den Ötztaler Alpen eingefrorener Steinzeitmensch. Auf dem Hauslabjoch in 3.200 Metern über dem Meeres-

---

[17] VEIT (2002, S. 254)
[18] KUHN (1979, S. 3 ff.)

spiegel wurde dieser eingeschneit und eingefroren bevor er erst 1991 wieder auftaute. Dies lässt die Schlussfolgerung zu, dass am Hauslabjoch heute in etwa die gleichen Bedingungen herrschen wie vor ca. 5.000 Jahren, wo dieser Bereich ebenfalls eisfrei war. Auch Hölzer, die unterhalb des Gletschereises ins Vorfeld gespült wurden, bestätigen nach entsprechenden Untersuchungen die Theorie, dass die Gletscher schon mehrmals bedeutend kleiner waren als in unserer Zeit.

Sieht man die Gletschergeschichte als Schwankungen der Sommertemperatur, dann kann man die damit verbundenen Veränderungen der holozänen Gleichgewichtslininen um 100 bis 150 m auslegen auf einen Unterschied des Temperaturmittels im Sommer um die ± 0,7 bis 0,8°C. Für die gesamten letzten 10.000 Jahren ergibt sich somit eine Amplitude von ca. 250 m bei den Gleichgewichtslinien und damit etwa 1,5°C bei der Sommerdurchschnittstemperatur. Bei diesen Berechnungen kann es aber zu Fehlern und Verfälschungen kommen, da der Niederschlag einen nicht einzuschätzenden Faktor bildet. Zudem spielt bei einer Kaltphase nicht nur die Intensität eine Rolle beim Wachstum eines Gletschers, sondern auch die Dauer. Da man die minimale Ausdehnung des Gletschers vor einem Hochstand nicht exakt rekonstruieren kann, kann man keine genauen Aussagen bezüglich dieser Entwicklungen treffen. So reichten z.B. die sehr kühlen und feuchten Jahre 1342 bis 1347 aus, um den bereits vorher ausgedehnten Großen Aletschgletscher zu einem Hochstand zu führen. Auch der Zeitraum zwischen 1847 und 1851 führte durch begünstigende Faktoren wie hohe Temperaturunterschiede und entsprechend schneereiche Winter zu einer enormen Ausdehnung der Gletscher.

1.7 Abhängigkeit der Vegetationsentwicklung vom Klima

Auch anhand der Vegetationsentwicklung lässt sich das Klima rekonstruieren und es können Aussagen über dessen Verlauf gemacht werden. Dabei untersucht man überwiegend die Lage der Wald-, Baum- bzw. Schneegrenze. Bei genauen Angaben der höchsten Lage der Baumgrenze gibt es unterschiedliche Meinungen was den Zeitpunkt betrifft. In den Zentralalpen lag die Baumgrenze bei ihrem Maximum sehr wahrscheinlich auf ca. 2.300 bis 2.400 m über dem Meeresspiegel, also in etwa 100 bis 150 m über der heutigen potentiellen Höhe. Bei dieser Ausbreitung der Vegetation handelt es sich um das Klimaoptimum des Holozäns, welches im weiteren Verlauf noch genauer behandelt wird. Um exakte Analysen aufzustellen gibt es verschiedene Methoden, welche aber alle nicht hundertprozentige Genauigkeit bieten. Bei der Pollenanalyse beispielsweise ergibt sich das Problem des Fernflugs. Werden 20 bis 30% Nicht-Baumpollen nachgewiesen, wird in der Regel von einer Waldfreiheit ausgegangen. Dies ist jedoch widersprüchlich zu neueren Untersuchungsergebnissen. BAUER-OCHSE & KATENHUSEN stellten anhand von Rezentpollen fest, „dass in hochalpinen und subnivalen Lagen der Anteil von Baumpollen gegenüber der alpinen Stufe wieder stark zunimmt."[19]

Bessere Ergebnisse liefert die Analyse von Makroresten, welche aber oberhalb der heutigen Baumgrenze in den Alpen nur sehr schwer zu finden sind. Holzkohle jedoch findet sich teilweise sogar bis zu einer Höhe von 2.900 m über dem Meeresspiegel, was mehr als 700 m über der heutigen Baumgrenze liegt. Vergleicht man diese Höhe mit den angenommenen 2.300 bis 2.400 m ist dies eine deutliche Steigerung. Sollte das Holz von Krummholz stammen, würde dies die fehlenden Indizes in der Pollenanalyse erklären, da Krummholz nur selten bis nie Pollen produziert.[20] Auch der Einfluss des Menschen könnte hierbei die Analyse verfälschen, da die Holzkohle auch von prähistorischen oder historischen Jägern stammen könnte, die das Holz in diese Höhen transportierten.

Anhand von dendroklimatologischen Untersuchungen kann die extremste Kaltphase des Holozäns auf den Zeitraum von 3.340 bis 3.175 ^{14}C-Jahren datiert werden. Die Jahrringchronologien sind bis etwa 8.000 Jahre vor heutiger Zeit erhalten und gelten als Indikatoren der damaligen Sommertemperaturen.

Die Synchronität von Schneegrenze und Waldgrenze ergibt sich vielmehr aus logischen Zusammenhängen als aus sicheren Berechnungen. Von den Bäumen an der Waldgrenze nimmt man an, dass sie ungünstigen Klimaphasen durchaus längere Zeit trotzen können ehe sich die Waldgrenze nach unten verschiebt. Nachgewiesen wurde dies am Beispiel des Grindelwald-Gletschers. Dort veränderte sich die Waldgrenze während der Kleinen Eiszeit quasi nicht, da es auch innerhalb der Kaltzeit mehrfach sehr warme Sommer auftraten, sodass der Baumbestand die kälteren Perioden überstehen konnte, ohne ein Absinken der Waldgrenze. Jedoch kann eine klimabedingte Waldgrenzerniedrigung auch sehr schnell von statten gehen, wenn keine begünstigenden die bestehende Grenze erhaltende Faktoren auftreten. Insgesamt verläuft der Anstieg der Waldgrenze aber schneller, da die Ausbreitung der Samen auch oft durch Tiere und/oder äolische Verbreitung begünstigt wird.

1.8 Das Klimaoptimum des Holozäns

Die Wissenschaft ist sich nicht ganz einig was die Bestimmung des postglazialen Klimaoptimums betrifft. GAMS ging aufgrund der gut entwickelten Podsole in der alpinen Höhenstufe von einer Waldgrenze aus, die in etwa 500 m über der heutigen gelegen haben muss. Diese Theorie bekräftigen auch Funde von Holzkohle, welche sogar bis zu 700 m über die potentielle Waldgrenze reichen. Wann letztendlich die Waldgrenzlage ihre höchste Ausdehnung

---

[19] BAUEROCHSE & KATENHUSEN (1997, S. 353 ff.)
[20] THEURILAT et al. (1998, S. 225 ff.)

erreichte ist nicht komplett festzustellen. Die Angaben reichen von 5.500 bis 2.500 ^{14}C-Jahren vor heute (was dem Subboreal entspricht), über 6.500 bis 5.000 ^{14}C-Jahre (entspricht dem jüngeren Atlantikum) bis hin zu sogar 8.400 bis 8.100 ^{14}C-Jahren (Boreal). Untersuchungen der Gletscher-Schneegrenze fallen ähnlich uneins aus. Bis in die 60er Jahre gab es keine Hinweise auf Gletscherhochstände zu Zeiten des Frühholozäns. Erst mit den Forschungen der sogenannten Venedigergruppe wurden drei warmezeitliche Gletscherhochstandsperioden bekannt. Es handelt sich dabei um die Venedigerschwankung, die Frosnitzschwankung und die Rotmoosschwankung. Jedoch waren die Gletscher in Zeiten des Abschmelzens im Holozän schon deutlich kleiner als heute, wie bereits erwähnt. Daraus können bis etwa 5.500 ^{14}C-Jahre vor heute hohe, über dem Durchschnitt liegende Sommertemperaturen ermittelt werden.[21] Diese Theorie passt auch gut zu den Ergebnissen über die Waldgrenzschwankungen. Ebenfalls bestätigend ist, dass in den Westalpen auf hochgelegenen, ca. 3.000 Jahre alten Moränen, lediglich Ranke auftreten und, dass diese Moränen auf gut entwickelten Podsolen gründen. Ein Hinweis auf eine mögliche Wärmeperiode vor mehr als 3.000 Jahren, die dann ihr Ende fand.

Es gibt noch weitere Hinweise auf ein postglaziales Klimaoptimum. So z.B. die Solifluktionsbecken und auch fossile Böden in der alpinen Höhenstufe. Bis vor 6.000 bis 5.000 ^{14}C-Jahren vor heute waren die alpine und die untere subnivale Höhenstufe relativ dicht bewachsen und gut entwickelte Podsole bildeten die Böden dieser Zeit. Auch anhand von geringen Sedimentationsraten und zeitgleich hohen organischen Produktionsraten im Früh- und Mittelholozän kann ein holozänes Klimaoptimum bekräftigt und nachgewiesen werden. Alpine Seen bestätigen dies, wie in Abbildung 8 zu erkennen, durch die Werte der Korngrößen, der Organischen Substanz und der Akkumulationsrate.

---

[21] PATZELT (2000, S. 119 ff.)

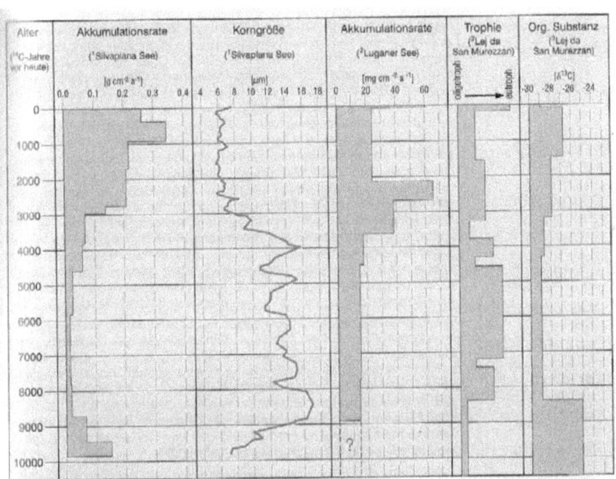

Abbildung 8: Holozäne Schwankungen der Sedimentationsrate, des Korngrößenspektrums und der Produktivität alpiner Seen, am Beispiel zweier Engadiner Seen und des Luganer Sees
VEIT (2002, S. 273)

Aus all diesen Hinweisen lässt sich feststellen, dass ein holozänes Klimaoptimum für den Zeitraum zwischen 8.000 und 5.000 ^{14}C-Jahren sehr wahrscheinlich war, was auch gut mit dem Ende der maximalen Sommereinstrahlung sowie der maximalen Nordverschiebung der polaren Waldgrenze in Fennoskandien übereinstimmt.[22]

---

[22] KUTZBACH & GUETTER (1986, S. 1726 ff.)

2. Zukünftige Perspektiven für das Klima des Alpenraumes

2.1 Veränderungen des Klimas

Neben der klimageschichtlichen Analyse der Alpen soll auch ein Ausblick auf zukünftige Entwicklungen des Klimas erfolgen. Die Alpen eigenen sich besonders gut als frühzeitige Anzeiger von Klimaveränderungen, da sie, wie jedes andere Hochgebirge auch, sehr sensibel auf natürliche und anthropogene Änderungen reagieren. Die Gliederung in Höhenstufen dient als sehr empfindliches System, das sich selbst bei kleinen Veränderungen nach oben oder unten verschiebt. Um einen Ausblick auf mögliche Entwicklungen zu werfen, bietet es sich an, den Zeitraum von der Kleinen Eiszeit bis heute betrachten. Zum einen, weil gegen Ende der Kleinen Eiszeit die zuverlässigen Instrumentenbeobachtungen sowie erste meteorologische Messungen einsetzen, zum anderen ist der Zeitraum von annähernd 500 Jahren ausreichend um zukünftige Entwicklungen oder Trends zu diagnostizieren.

2.2 Auswirkungen auf die Temperatur

Seit dem Ende der Kleinen Eiszeit bis zur heutigen Zeit sind die Temperaturen weltweit im Durchschnitt um ca. 0,7°C gestiegen. In den Alpen jedoch führte die weltweite Erwärmung zu einem viel deutlicherem Anstieg. Um ganze 2°C, alleine 1,2°C in den letzten 30 Jahren, stieg dort die durchschnittliche Temperatur an. Wie auch in Abbildung 9 zu erkennen ist, liegt die Erwärmung um umgerechnet 0,0075°C pro Jahr über dem globalen Trend. Dabei wirkt sie sich in Hochlagen stärker aus als in tieferen Gebieten und betrifft die Winter deutlicher als die Sommer.

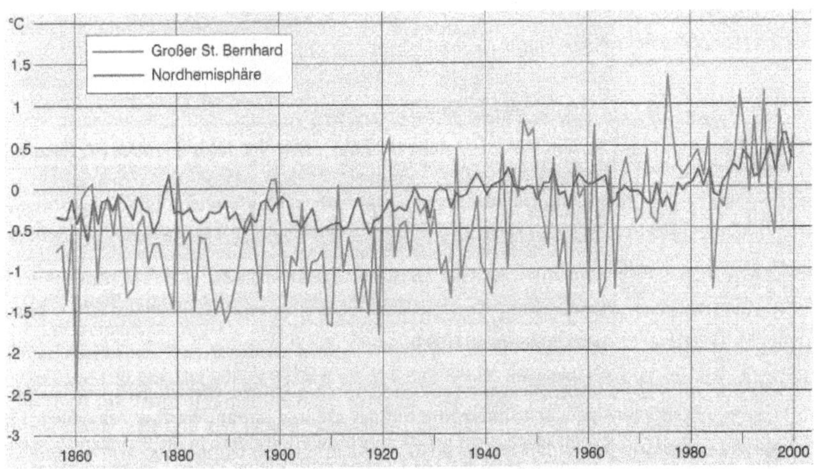

Abbildung 9: Gleitende Mittel der Lufttemperaturen 1860 bis 2000, ausgedrückt in Anomalien relativ zu den Werten 1961 bis 1990 für die Nordhemisphäre und für den Großen St. Bernhard
VEIT (2002, S. 277)

Außerdem ist zu beobachten, dass die Temperaturamplitude in den Tieflagen insgesamt gesehen abnimmt, d.h. die Minima werden deutlich wärmer, die Maxima dagegen nur unwesentlich bzw. werden diese teilweise sogar kälter. Die Abnahme der Maxima in den Tieflagen wird wahrscheinlich durch die Nebeldecke bzw. durch die Zunahme der Bewölkung/Aerosole verursacht. Somit erfolgt tagsüber eine Verminderung der kurzwelligen Einstrahlung und nachts eine Verstärkung der Gegenstrahlung, wodurch letztendlich die Temperaturen ausgeglichen werden. Die letzten 50 Jahre waren die wärmsten seit dem Ende der Kleinen Eiszeit, jedoch gab es auch in diesem Zeitraum Anomalien. So wurden in den Jahren 1985 und 1987 die beiden kältesten Winter der 20. Jahrhunderts in den Alpen beobachtet. Die vier wärmsten Winter ereigneten sich in den Jahren 1988 bis 1992 in Folge. Generell sind also Anomalien jederzeit möglich und nicht an eine Warm- bzw. Kaltphase gebunden. Für die zukünftige Entwicklung im Alpenraum wird das sog. „Downscaling", also das Herunterskalieren vom globalen auf regionalen bzw. lokalen Maßstab, genutzt. Bis zum Jahr 2100 wird mit einer Verdoppelung des CO_2-Gehalts in der Atmosphäre und damit einer Erwärmung von 1,4 bis 5,8°C gerechnet. Es kann durchaus sein, dass die Alpen von globalen Szenarien abweichen, verursacht durch eine größere Sommertrockenheit, wodurch letztendlich der latente Wärmestrom reduziert werden würde.[23]

2.3 Auswirkungen auf den Niederschlag

Ein allgemeiner Trend lässt sich beim Niederschlag in den letzten 100 Jahren nicht erkennen, deshalb ist eine räumliche Differenzierung von Nöten um lokale Entwicklungen zu dokumentieren. Auch bei der Schneedecke ist bezüglich der Höhe und Dauer keine eindeutige Entwicklung festzustellen. Hierbei kann jedoch eine umfassendere Gliederung vollzogen werden. Eine wichtige Grenze bezüglich der Schneedecke liegt auf 1.500 m über dem Meeresspiegel. Oberhalb dieser Marke lässt sich keine Veränderung des Einschneitermins oder der Mächtigkeit erkennen. Unterhalb davon aber ist die jährliche Variabilität sehr stark und in den letzten Jahrzehnten lässt sich beobachten, dass die Schneedeckendauer als auch die Schneemächtigkeit, mit Abnahmen zwischen 20 und 40% der ursprünglichen Werte, deutlich zurückgeht. Im Schweizer Mittelland beispielsweise fehlt seit dem Jahr 1988 die winterliche Schneedecke fast komplett und auch in anderen Gebieten nimmt die Schneesicherheit kontinuierlich ab. Als schneesicher wird ein Standort dann bezeichnet, wenn zwischen dem 16. Dezember und dem 15. April an mindestens 100 Tagen eine geschlossene Schneedecke von 30 cm (bei Ski alpin) und 15 cm (bei Ski nordisch) vorhanden ist. Setzt sich die derzeitige Entwicklung fort, ist mit einem weiteren Rückgang schneesicherer Gebiete zu rechnen. Aktuell sind noch 85% der 230 Skigebiete und 40% der Einzelanlagen in der Schweiz schneesicher. Bei einer Verschiebung der Höhengrenze bis zum Jahr 2050 um 300 m nach oben, aufgrund einer Erwärmung um 2°C, wären nur noch 63% der Skigebiete und 9% der Einzelanlagen, laut der besagten Definition, schneesicher.[24] Die mit dem Schneefall und der Schneedecke verbundenen Lawinen lassen ebenfalls keinen eindeutigen Trend erkennen, extreme Wetterereignisse, die zu Schadlawinen führen, sind in den letzten 100 Jahren mit gleichbleibender Häufigkeit aufgetreten.

Eine deutliche Zunahme jedoch gibt es bei den Hagelfällen, die meist große Schäden verursachen. Wurden von 1920 bis 1970 noch durchschnittlich 40 bis 60 Hageltage gezählt, so sind es ab 1970 im Mittel schon 60 bis 80 Hageltage pro Jahr.[25]

Die deutlichsten Spuren des Klimawandels erlebt man in den Alpen jedoch an den Gletschern, welche durch den Anstieg der Temperaturen immer schneller abschmelzen.

---

[23] BENISTON et al. (1994, S. 135 ff.)
[24] ABEGG & ELSASSER (1996, S. 737 ff.)
[25] SCHIESSER (1997b, S. 134)

Gletscher haben eine wichtige Funktion im Klimasystem, die nicht zu unterschätzen ist. Eintreffende Sonnenstrahlung wird durch die reflektierende Eigenschaft der Gletscher ins Weltall zurückgestrahlt. Dadurch, dass sie eisfrei werden könnten, würde auch die Reflektion der Sonnenstrahlen im Alpenbereich erheblich verkleinert werden und somit die Erwärmung noch zusätzlich beschleunigt.

Wie sich der globale Klimawandel nun konkret auf den Alpenraum auswirkt kann nicht mit 100-prozentiger Sicherheit vorausgesagt werden, da es verschiedene Szenarien und Prognosen gibt, wie sich das Klima weltweit in den nächsten Jahren verändern wird.

2.4 Klimamodelle und Zukunftsaussichten

Bis 2100 werden unterschiedliche Arten der Klimaveränderungen durchdacht. Dabei ergibt sich das Problem der enormen Vielfalt an einzelnen Faktoren, die alle zusammen das endgültige Szenario ergeben. Die kleinste Veränderung der Parameter hat enorme Auswirkungen auf das Endergebnis. Dabei besteht keine Gewissheit, dass ein errechnetes Klimamodell dann auch wirklich eintritt, da stets die Möglichkeit eines plötzlichen Klimawandels besteht, der alle Ergebnisse, die bisher gewonnen wurden, überflüssig machen könnte. Einen zusätzlichen nur schwer zu berechnenden Faktor spielt der Mensch. Die anthropogen verursachten Auswirkungen auf die Veränderung des Klimas weltweit sind mittlerweile deutlich spürbar. Inwiefern der Mensch in Zukunft das Klima positiv oder negativ beeinflusst ist von vielen Faktoren abhängig und kann daher schwer in ein Modell einbezogen werden. Es müssten Annahmen zum künftigen Bevölkerungswachstum, der Technologieentwicklung, dem Wirtschaftswachstum, aber auch ökologischen Aspekten oder Maßnahmen der Politik mit einberechnet werden. Es ist daher leicht ersichtlich, dass es nahezu unmöglich ist ein Modell zu erstellen, welches dann wirklich der tatsächlichen Entwicklung entsprechen wird.[26]

In den entwickelten Modellen wurde festgestellt, dass das menschliche Verhalten in der Zukunft zu erheblichen unterschiedlich resultierenden Klimamodellen führen wird. Die für das Jahr 2100 errechneten Veränderungen der Temperatur bewegen sich demnach in einem Raum von +1,4°C bis zu 5,8°C. Auf den ersten Blick erscheint diese Schwankung sehr groß und ungenau, sie verdeutlicht aber letztendlich nur, wie sehr der Mensch auf das zukünftige Klima Einfluss nehmen kann. Je nachdem wie sich das Verhalten der Menschheit ändert, entwickelt sich das globale Klima. Jedoch sind gewisse Folgen und Auswirkungen nicht mehr aufzuhalten und selbst bei klimabezogen optimalem Verhalten der Menschheit ist ein Temperaturanstieg um 1,4°C nicht mehr zu verhindern. Ein Anstieg um etwa 2,7°C ist dabei jedoch weitaus realistischer. Die Auswirkungen des Klimawandels und die Erwärmung werden

---

[26] STURM (2007, S. 10 ff.)

sich global aber unterschiedlich vollziehen. Für die Alpenregion kann von einer Temperaturerhöhung von rund 4°C ausgegangen werden. Alle bisher entwickelten Klimamodelle über die Prognosen für die Zukunft sagen voraus, dass in den nördlichen Breiten die Erhöhung der Temperatur deutlich höher ausfallen wird als weiter südlich. Auch wird sich das Verhalten des Niederschlags insofern ändern, dass dieser insgesamt zunimmt, jedoch aber regionale Ausprägungen aufweist. Die Veränderungen für Europa werden hier besonders einschneidend sein und man rechnet mit folgenden Entwicklungen:

Der Norden des Kontinents wird von wesentlich mehr Niederschlag geprägt sein, während in Mitteleuropa der Niederschlag deutlich, um bis zu 25%, abnimmt. Der Alpenraum teilt sich dabei in die Nord- und Südhälfte und wird unterschiedlich hohe Niederschläge erfahren. Je weiter südlich man sich bewegt, desto trockener wird es. In Westeuropa und dem Mittelmeerraum kann es sogar zu Dürren kommen. Extremwetterereignisse sind bei diesen Prognosen noch gar nicht mit einberechnet und es könnte durch eine abrupte Änderung der Klimaverhältnisse weitaus schneller zu einem drastischen Klimawandel kommen als bisher angenommen. Ein Ereignis, das einen solchen abrupten Wechsel gewohnter Verhältnisse hervorrufen könnte, wäre beispielsweise der Ausfall des Golfstroms, welcher für das Weltklima eine entscheidende Bedeutung hat. Forschungsergebnisse zeigen, dass während der letzten Eiszeit der Golfstrom gestört bzw. unterbrochen war.

Die globale Erwärmung hat definitiv Auswirkungen auf das Funktionieren des Golfstromkreislaufes, wie er der Wissenschaft heute bekannt ist. Durch die allgemeine Erwärmung wird der Golfstrom nicht mehr bis zu seinem jetzigen Kehrtpunkt nördlich der Ostsee abkühlen. Zudem sinkt durch das Abschmelzen von süßwasserspeichernden glazialem Material und dessen Eintrag in die Weltmeere der Salzgehalt, was ein Absinken der warmen, aus Süden kommenden Wassermassen zusätzlich erschwert. Dadurch könnte der Golfstrom massiv beeinflusst werden, im schlimmsten Fall sogar zum Stillstand kommen.

Die Auswirkungen wären katastrophal und würden nicht nur die bekannten Klimaverhältnisse des Alpenraumes gravierend verändern. Die Temperaturen in Westeuropa und Skandinavien würden sich um 3-5°C reduzieren, der Energieaustausch zwischen Äquator und Pol wäre gestört und müsste über eine andere Weise stattfinden. Eine Möglichkeit des alternativen Austausches wäre dann die Zunahme des Windes. Durch die geringere Temperatur des Atlantiks würde weniger Wasser verdampfen und damit ganz Europa kalt, windig und trocken werden lassen.[27]

---

[27] STURM (2007, S. 14 ff.)

2.5 Auswirkungen des Klimawandels auf die Alpen

Für die Alpen hat der Klimawandel gravierende Auswirkungen, welche nicht mehr zu stoppen, nur noch zu mildern sind. Im Rekordsommer 2003 schmolzen bereits etwa 10 bis 15 Prozent der Eismassen der alpinen Gletscher ab. Ein Blick zurück in die Geschichte zeigt, dass sich in Mitteleuropa das Klima in den letzten 150 Jahren um 1,8°C erwärmte, in den kommenden 80 Jahren ist dort mit bis zu 5°C Erwärmung zu rechnen.

Diese Aussicht lässt auf ein Entstehen von mehr Gletscherseen und Gletschertaschen schließen, welche wiederrum zu Extremereignissen führen können. Schmelzen die Gletscher in den Alpen weiterhin so drastisch ab, fehlt auch über kurz oder lang ein wesentlicher Wasserlieferanten des Alpenraums, da in den Sommermonaten Flüsse durch die sog. Gletscherspende gespeist werden.[28] Auch die Permafrostböden werden durch die Veränderung des Klimas beeinflusst. In den letzten 100 Jahren konnte eine Erwärmung des Permafrostbodens bis in die Tiefe von 80 Metern Tiefe festgestellt werden. Es ist damit zu rechnen, dass die Hänge bei einer fortschreitenden Erwärmung zunehmend an Stabilität verlieren.[29]

Abschließend ist festzustellen, dass das Klima generell und somit auch das Klima des Alpenraums sehr wandelbar ist und schon viele Veränderungen erfahren hat. Ein weiterer Wandel ist bereits im Gange und die globale Erwärmung wird das Bild des Alpenraums entscheidend beeinflussen und verändern. Über den genauen Verlauf und das Ausmaß können lediglich Mutmaßungen erstellt werden, Modelle liefern mögliche Szenarien. Ob und wann sich dann diese Erwärmung wieder umkehren wird ist nicht vorauszusagen, ebenso wie genauere Aussagen über den Verlauf der Klimaänderung weltweit, wenn überhaupt, erst im weiteren Verlauf dessen getätigt werden können.

---

[28] STURM (2007, S. 14 ff.)
[29] DIKAU, KREUTZMANN & WININGER (2002, S. 83)

Literaturverzeichnis

ABEGG, B. & ELSASSER, H. (1996): Klima, Wetter und Tourismus in den Schweizer Alpen. In: Geographische Rundschau 48 (12). Braunschweig

BAUEROCHSE, A. & KATENHUSEN, O. (1997): Holozäne Landschaftsentwicklung und aktuelle Vegetation im Fimbertal (Val Fenga, Tirol Graubünden). Phytocoenologia 27 (3). Berlin/Stuttgart.

BENISTON, M.; REBETETZ, M.; GIORGI, F.; u. MARINUCCI, M. R. (1994): An analysis of regional climate change in Switzerland. Theoretical and Applied Climatology 49. Wien

DANSGAARD, W., JOHNSEN, S. J. CLAUSEN, H.B. u. LANGWAY, C.C. (1972): Speculations about the next glaciation; In: Quaternary Research. Cambridge.

DIKAU, R.; KREUTZMANN, H. & WININGER, M. (2002): Zwischen Alpen, Anden und Himalaya. In: Geographie heute – für die Welt von morgen. Gotha und Stuttgart.

HAEBERLI, W. & SCHLÜCHTER, C. (1987): Geological evidence to constrain modelling of the Late Pleistocene Rhonegletscher. Switzerland.

HANN VON, J. (1893): Klimatologie: Handbuch der Klimatologie. Stuttgart.

KUHN, M. (1979): Climate and glaciers. In: Sea level, ice and climate change; Proceedings of the Canberra Symposium. IAHS Publication series 131. Wallingford.

KUTZBACH, J. & GUETTER, P. J. (1986): The influence of changing orbital parameters and surface boundary conditions on climate simulations fort the past 18'000 years. Journal of the Atmospheric Science 42, (16). Boston.

LAUER, W.; BENDIX, J. (2006): Klimatologie. Braunschweig.

LEMDAHL, F. (2000): Lateglacial and Early Holocene insect assemblages fro sites at different altitudes in the Swiss Alps – implications on climate and environment. In: Palaeography, Palaeoclimatology, Palaeoecology 159. Amsterdam.

NIESSEN, F.; LISTER, G. u. GIOVANOLI, F. (1992a): Dust transport and palaeoclimate during the Oldest Dryas in Central Europe – implications from varves (Lake Constance). In: Climate Dynamics 7. Zürich.

PATZELT, G. (1975): Unterinntal – Zillertal – Pinzgau – Kitzbühl. Spät- und postglaziale Landschaftsentwicklung. Tirol, ein geographischer Exkursionsführer. Innsbrucker Geographische Studien, Band 2. Innsbruck.

PATZELT, G. (2000): Natürliche und anthropogene Umweltveränderungen im Holozän der Alpen. Rundgespräche der Kommission für Ökologie 18. München.

SAMMER (1995): Alpen. Wien;
http://www.aeiou.at/aeiou.encyclop.a/a317663.htm (25.03.10)

SCHIESSER. H. H.; WALDVOGEL, A.; SCHMID, W. u. WILLEMSE, S. (1997b): Klimatologie der Stürme und Sturmsysteme anhand von Radar und Schadendaten. Zürich.

SPECK, C. (1995): Hydrothermisches Regime im Schweizer Mittelland während der Würm-Eiszeit. in: Geowissenschaften. Berlin.

STRAHLER, A. H. ; STRAHLER, A. N. (2005): Physische Geographie. Stuttgart.

STRÖMMER, E. (2003): Klimageschichte. Methoden der Rekonstruktion und historische Perspektive Ostösterreich 1700 bis 1830. Wien.

STURM, Y. J. (2007): Klimawandel. Vom Klimawandel der globalen Erwärmung und anderen Schlagwörtern unserer Zeit. Wien;
http://dokubase.net/pdf/klimawandel.pdf (30.03.10)

THEURILAT, J.P.; FELBER, F.; GEISSLER, P.; GOBAT, J.-M.; FIERZ, M.; FISCHLIN, A.;KÜPFER, F.; SCHLÜSSEL, A.; VELLUTI, C.; ZHAO, G.-F. u. WILLIAMS, J. (1998): Sensitivity of plant and soil ecosystems oft he alpst o climate cange. In: CEBON, P.; DAHINDEN,

U.; DAVIES, H. C.; IMBODEN, D. u. JAEGER, C. C. ,eds., Views from the Alps. Massachusetts.

VEIT, H. (2002): Die Alpen – Geoökologie und Landschaftsentwicklung. Stuttgart.

WEINELT, DR. M. (2008): Klimakurven des letzten Eiszeitzyklus. Berlin;
http://www.b-f-k.de/webpub01/cnt/weinelt.htm (30.03.10)